„Die Erforschung des Dirk Gerritsz[1])-Archipel".

Von

Dr. Johannes Petersen.

1895, Heft 6.

Separatabdruck aus den Mittheilungen der Geographischen Gesellschaft in Hamburg, Bd. XI.

„Die Erforschung des Dirk Gerritsz[1])-Archipel".

Einige Bemerkungen zu dem Aufsatze: »Das Wiedererwachen der antarktischen Forschung« in Dr. A. Petermanns Mittheilungen, 1895, Heft 6.

Von

Dr. **Johannes Petersen.**

Die im zweiten Heft des Jahrganges 1891—92 dieser Mittheilungen erschienene Abhandlung: »Die Reisen des Jason und der Hertha in das antarktische Meer«, dem eine Originalkarte des Dirk Gerritsz-Archipel von L. Friederichsen beigegeben war, erfuhr in dem in der Ueberschrift genannten Aufsatze aus der Feder H. Wichmanns[2]) eine abfällige Beurtheilung, die auch an dieser Stelle im Interesse einer wahrheitsgemässen Darstellung der Ergebnisse der Jason-Expedition eine Zurückweisung verdient. Leider hat das Ansehen, das die genannte Zeitschrift geniesst, dazu geführt, dass die grundlosen Behauptungen des Referenten schon in Wagners Geographisches Jahrbuch übergegangen sind, und es ist zu befürchten, dass sie noch weitere Verbreitung finden, wenn ihnen nicht entgegen getreten wird.

Die Aussetzungen in Pet. Mitth. lassen sich kurz dahin zusammenfassen:

1) Manche Stellen sind nicht immer zutreffend übersetzt worden. Daraus ergeben sich mehrfach Irrthümer, welche auch auf die Konstruktion der Karte von Einfluss waren.

---

[1]) Dirk Gerritsz, nicht Dirck Gherritz, cf. Ruge, Deutsche Geogr. Blätter, XVIII, Heft 3. L. F.

[2]) H. Wichmann giebt an, zu seiner Kritik durch ein »ausführliches Memoire« des Kapt. Schück in Hamburg veranlasst zu sein, doch schliesst er sich, nach dem Wortlaut der Kritik, den Aussetzungen dieses Herrn ganz an und macht sie sich zu eigen.

2) Der Unterschied des Meilenmasses ist in der Uebersetzung nicht überall berücksichtigt worden.
3) Eine Veröffentlichung in Norske Geografiske Selskabs Aarbog V, 1893—1894 ist als »Original« zu betrachten, eine dort enthaltene Skizze »dürfte wohl unter Beihülfe oder wenigstens Billigung von Kapt. Larsen entstanden sein«. H. Wichmann hält es für seine Pflicht, künftige Expeditionen auf den angeblichen »Originalbericht« des Kapt. Larsen zu verweisen.
4) »Die Frage ist, wie genau bestimmt werden konnte der Schiffs»ort bezw. Schiffsweg, hierfür bietet weder der Bericht noch »der Journalauszug den geringsten Anhalt; nur vermuthet man »schon am 19. November, an welchem Tage der Mittagsort »nach Peilung von Paulet-Insel bestimmt ist, dass die Ent»fernung erheblich überschätzt wurde«....

Ich erwidere hierauf:

zu I. H. Wichmann hätte bei aufmerksamer Durchsicht der Begleitworte L. Friederichsens zu seiner Karte bemerken müssen, dass die Karte auf den Eintragungen Kapt. Larsens in die englische Admiralitätskarte beruht, dass also keine Fehler in der Konstruktion der Karte aus angeblichen Irrthümern der Uebersetzung herrühren können.

In dem Referat der Pet. Mitth. wird eine von mir angeblich falsch übersetzte Stelle als »wichtiger« für die Topographie angeführt:

»Bei der Schilderung der kleinen Robben-Inseln bei Kong Oskar II.-»Land lautet die Uebersetzung: »»Soweit ich bei klarem Wetter sehen »konnte, liegt weder nach N noch NW hin Land«« — eine Angabe, »welche entscheidend sein musste für die vollständige Trennung des »Louis Philippe-Landes vom Kong Oskar II.-Land... Das norwegische »Original[1]) unterstützt diese Ansicht jedoch nicht, denn dort heisst »es: »»Auch soweit ich bei klarem Wetter zu sehen vermochte, konnte »ich nichts entdecken bis zum Land in N und NW-Richtung, nur NO »von Lindenbergs Zuckerhut sah ich viele Erhöhungen im Eise««. »Zudem heisst es kurz vorher: »»da sonst alle Gipfel auf dem Hoch»lande und umher schneebedeckt sind««. Diese beiden Stellen sprechen »nicht dafür, dass im Westen der Robbeninseln Land sich nicht »befinden soll«.

Auf welcher Seite mangelhaftes Verständniss des Norwegischen oder unzutreffende Uebertragung liegt, ob auf Seiten des Referenten

[1]) Der norwegische Original-Text lautet: »Og saa vidt jeg har kunnet se i klart veir intet kunnet opdage til land i N og Nvestlig retning undtagen nordost fra Lindenbergs Sukkertop har jeg seet flere forhøininger i isen.«

resp. seines Gewährsmannes oder auf meiner Seite, das beweist gerade diese Stelle ganz schlagend.

Diese Stelle ist von mir richtig übersetzt, nicht von dem Referenten, wenn dieser sich auch berufen fühlt, meine Uebersetzung als nicht zutreffend zu bezeichnen. Die Uebersetzung, wie H. Wichmann sie giebt, wäre nur dann richtig, wenn im norwegischen Text land**et** stände, statt land. Ich verweise noch auf einen weiter unten abgedruckten Brief Larsens.

Auch die in Pet. Mitth. weiter herangezogene Stelle, »da sonst alle Gipfel auf dem Hochlande und umher schneebedeckt sind« ist nicht richtig übersetzt. Im Norwegischen steht: da ellers alle toppe rundt omkring paa høilandet er snebedaekket. Aus der Stelle soll hervorgehen, dass ausser dem Hochlande noch »umher« sich Gipfel befinden. — Das und in Pet. Mitth. ist aber fälschlich eingeschoben, davon steht nichts im Norwegischen, es steht dort nur: Da sonst alle Gipfel auf dem Hochlande rund umher schneebedeckt sind. Es ist hier von dem schon oft erwähnten Hochlande König Oskar II.-Land die Rede, nur gewaltsame Ausdeutung kann aus dieser Stelle noch das Vorhandensein anderen Hochlandes oder anderer Gipfel schliessen.

Man sieht schon hier, mit welchem Recht der Referent in Pet. Mitth. die Karte Friederichsens an dieser Stelle bemängelt. Eine eigene Art der Kritik ist es, eine richtige Uebersetzung als falsch hinzustellen und eine falsche dafür anzugeben! Warum hat nicht der Referent den norwegischen Text citirt? Dann hätte jeder Kenner der norwegischen Sprache sofort seine Entscheidung treffen können!

zu **2.** Ich habe mich in allen Fällen in der Uebertragung der Entfernungsangaben genau nach dem Manuskript [1]) gerichtet, das ich dem Abdruck des N. G. S. A. gegenüber als »Original« bezeichnen muss.

zu **3.** Ich wiederhole, damit nicht noch einmal übersehen wird, wie schon seitens des Referenten geschehen zu sein scheint, dass L. Friederichsen, wie er in den Begleitworten zu seiner Karte sagt, diese mit Benutzung einer Originalkartenskizze des Kapt. Larsen ausgearbeitet hat. Diese Skizze ist ein Blatt der englischen Admiralitätskarte, in welche Larsen eigenhändig die neuen Inseln, Küstenlinien u. s. w. eingetragen hat (U. a. fehlt auch bei dieser Skizze die von H. Wichmann angenommene Verbindung zwischen Louis Philippe-Land und König

[1]) Im Folgenden bezeichne ich mit Manuskript die mir vorliegende Handschrift des Reiseberichts, mit N. G. S. A. den Abdruck im Norske Geogr. Selskabs Aarbog.

Oskar II.-Land). Der Referent in Pet. Mitth. muss die Bemerkung Friederichsens über die Materialien seiner Karte nicht beachtet haben, sonst könnte er nicht die minderwerthige Skizze des N. G. S. A. als »wohl unter Beihilfe oder wenigstens Billigung des Kapt. Larsen entstanden«, empfehlen. Aber auch weiterhin ist er etwas unvorsichtig. Nachdem er eben vermuthet hat, dass die Karte im N. G. S. A. »wohl« unter Billigung des Kapt. Larsen enstanden ist, wird einige Zeilen später gesagt, dass sich deutlich erkennen lasse, dass Kapt. Larsen eine Verbindung zwischen Louis Philippe-Land und König Oskar II.-Land annimmt. Wie es damit steht, was nach H. Wichmann »deutlich zu erkennen ist«, sagt der unten folgende Brief Larsens.

Noch sei bemerkt, dass ein einigermassen aufmerksamer Vergleich des Textes im N. G. S A. mit der daselbst befindlichen Skizze schon die Nicht-Uebereinstimmung gezeigt haben würde. Auffallend ist, dass diese Fehlerhaftigkeit der Kartenskizze nicht nur dem norwegischen Herausgeber, sondern auch dem Bearbeiter der englischen Ausgabe entgangen ist — die norwegische Skizze stimmt überein mit der im Geogr. Journal (Oktober-Heft 1894) befindlichen, und scheint nur eine Kopie der letzteren zu sein. Trotzdem sind diese Nicht-Uebereinstimmungen vorhanden. Um nur eine besonders auffallende Stelle zu nennen: Im N. G. S. A. und Manuskript steht gleichlautend:

»Mellem denne Ø [1]) og Robertson Ø løber der et smalt sund »i VNVlig[2]) retning som bliver ganske smalt midt paa Christensen »Ø og udvider sig paa den anden side igjen«. »Zwischer dieser Insel »und Robertson-Insel verläuft ein schmaler Sund in westnordwestlicher »Richtung, der in der Mitte bei Christensen-Insel ganz schmal wird »und sich auf der andern Seite wieder verbreitert«. Dieser ganz schmale Sund ist auf der norwegischen Kartenskizze ca. 12 deutsche geogr. Meilen breit!!

zu **4.** Obgleich keine positiven Anhaltspunkte dafür angegeben sind, vermuthet der Gewährsmann des Referenten Fehler in der Ortsbestimmung. Der Referent zitirt hier seinen Gewährsmann wörtlich — vielleicht weil er sich diesem Theile von dessen Ausführungen nicht anzuschliessen vermag. Es werden Angaben vermisst über die Genauigkeit der Ortsbestimmungen. Im Schiffsjournal sind selbstverständlich, wie bei einer wissenschaftlich genauen Aufnahme geschehen sein würde, die Details der Ortsbestimmungen nicht mitgetheilt, Larsen unterscheidet nur

---

[1]) Christensen-Vulkan.

[2]) Manuskr.: NV.

astronomisch bestimmte und durch Loggerechnung ermittelte Positionen (so auch geschehen in meinem Anhang, der die meteorologischen Angaben enthält). Da aber Larsen seine Positionen selbst in die Karte eintrug, musste der Kartograph, dessen Aufgabe es war, eine zur Veranschaulichung der Larsen'schen Reise dienende Karte zu liefern, sich an diese Eintragungen halten und durfte nicht, ohne feste Grundlagen zu besitzen, willkürlich von diesen abweichen. Im Uebrigen sei auch für diesen Punkt auf den Brief Larsens verwiesen.

Der Aufsatz aus Petermanns Mittheilungen wurde Herrn Kapt. Larsen, der sich diesen Sommer hindurch in den ostgrönländischen Gewässern aufhielt, nach seiner Rückkehr von dort übersandt und er zur Rückäusserung veranlasst.

Er antwortete so[1]):

C. A. Larsen
Skibsfører
Sandefjord.

Sandefjord den 22de Okt. 1895.

Hr. Sekretær L. Frederichsen.
Hamburg.

»Deres Brev af 11te dennes med vedlagde Petermanns uddrag »af Jasons reise i de antartiske farvande har jeg gjennemgaaet og »ligeledes ved de spörgsmaal de stiller til meg angaaende forsjelligt »som der har stillet sig delte meninger om.

»Förste spörgsmaal angaaende vorvit jeg saa land i NW og Nord»lig retning vil jeg herved besvare saaledes jeg havde klart veir og »sigtbart paa en lengere distangse og kunde ikke se noget Land »mellem Louis Phillippe Land og Selöerne i NW og Nordlig retning »men betvivler slet ikke at Palmer Land og Trinity Land ligger »som kartlagt af dem og ere öer der kan vere större eller mindre »da jeg ikke som her Schuck tror skulde kunde se 35 Sömile da det »er en sjeldenhed at man kan see en saadan lang distangse det kan »kun ske i et meget klart veir med tynd Luft og man da har meget »höit Land for sig i saadant veir har jeg kunnet paa Nordishavet

[1]) Der Abdruck entspricht in allen Eigenheiten der Schreibweise und Zeichensetzung dem Original.

»seet optil 30 Sömile men da kuns överste toppe som Luftspeiling »saa klart var veiret ikke da jeg skitsede af de opdagede öer og »landstrekninger og alt blev skitset af efter Skibets plads og det »skal jeg bemerke at mit Chronometer har vaeret korrekt saa jeg »aldrig paa min tur har vaeret bange for at seile og altid vaeret »korekt i mit bestik saa her Schuck behöver ikke at tvivle paa at »det kart som er udarbeitet af dem ikke skulde vere nöiagtig nok da »det er fulstendig planlagt efter den original jeg skitsede ved min »fart dernede.

»Andet spörgsmaal angaaende de forhöininger som jeg saa i NOlig »retning fra Lindenbergs Sukkertop vil jeg herved lade Hr. Schuck »vide at jeg antog disse for muligens at vere undervands roks opstaaede »ved udbrud fra den sterkt arbeidende Vulkan Lindenbergs Sukkertop »der var i deres umiddelbare nerhed og at der ikke eksisterer land »mellem Lindenbergs Vulkan og Louis Philippe Land kan jeg med »bestemthed sige den Is der bedekker stredet mellem de ny opdagede »öer og L. P. L. er ganske lav saa Hr. Schuck er feil i at tro at »Kong Oskar 2de Land og L. P. L. skulde vere sammenhengede »Hr. Fredrichsen har en ganske korrekt opfatning og har udarbeidet »alt saa godt at jeg ingen feil derved kan finde at udsette derpaa da »alt svarer efter mine optegnelser og jeg forstaar mig ikke paa hvad »Hr. Schuck grunder sine paastande paa da jeg til det norske geo- »grafiske Selskab ikke til dato har indsendt noget kart ei heller har »seet noget til hvad der er skrevet fra det Norske Geografiske Selskab »den opgave jeg indsendte til Christiania var enslydende [1]) med den »Hr. Fredrichsen har erholdt af mig det skulde vere meg en fornöielse »at reise ned til Tydskland vis det skulde vere saa at nogen »önskede det. . . .

Høiagtelsfuldt

(gez.) C. A. Larsen.

---

[1]) Dies »enslydende« (gleichlautend) kann insofern nicht wörtlich genommen werden, als Manuskript und N. G. S. A. nicht buchstäblich gleichlautend sind. Herr Larsen theilt in seinem Brief nur mit, dass er auch einen Reisebericht nach Christiania gesandt habe. Durch welche Hände er ging, bis er zum Abdruck im N. G. S. A. gelangte, weiss ich nicht, doch scheint es, als ob Aenderungen mit demselben vorgenommen sind. Diese Aenderungen betreffen durchweg nur die Form, vielleicht hat Jemand sich veranlasst gesehen, die Ausdrucksweise des Reiseberichts etwas mehr der Schriftsprache anzugleichen. An den Stellen, wo sich materielle Abweichungen zeigten, hatte ich keine Veranlassung, von dem Text des Manuskriptes abzugehen, da mir daneben noch das Schiffsjournal zur Verfügung stand, und dieses, wie

Die Uebertragung ins Deutsche bietet insofern einige Schwierigkeiten, als die eigenartige Schreibweise des Kapt. Larsen sich schwer wörtlich wiedergeben lässt, und bei dem Versuch wörtlicher Wiedergabe sich sprachliche Härten ergeben. Indessen kann über den Sinn der Larsen'schen Ausführungen, soweit sie die Zuverlässigkeit der Karte Friederichsens betreffen, keine Zweideutigkeit oder Unsicherheit irgend welcher Art bestehen.

Ich übersetze den Brief so:

Herrn Sekretär Friederichsen.

»Ihren Brief vom 11. d. M. mit dem beigelegten Auszug[2]) »Petermanns aus der Jason-Reise in die antarktischen Gewässer »habe ich durchgesehen und ebenso die Fragen, die Sie an mich »richten betreffend Verschiedenes, über das sich getheilte Meinungen »gebildet haben.

»Was die erste Frage angeht, wie weit ich Land in NW- und Nlicher »Richtung sah,[3]) will ich hiermit so beantworten: Ich hatte klares »und auf eine weitere Entfernung durchsichtiges Wetter und konnte »irgend welches Land zwischen Louis Philippe-Land und den »Robbeninseln in NW- oder Nlicher Richtung nicht erkennen. »Aber ich bezweifle garnicht, dass Palmer-Land und Trinity-Land so »liegen, wie von Ihnen kartirt ist, und Inseln sind, die grösser oder »kleiner sein können, denn ich würde nicht, wie Herr Schück glaubt, »35 Seemeilen weit haben sehen können, da es eine Seltenheit ist, »dass man über eine so weite Entfernung sehen kann. Das kann nur »geschehen bei sehr klarem Wetter, bei dünner Luft und wenn man »sehr hohes Land vor sich hat. Bei solchem Wetter habe ich im »Nordmeere bis 30 Seemeilen weit sehen können, aber nur die höchsten »Spitzen wie Luftspiegelung. So klar war das Wetter nicht, als ich »die entdeckten Inseln und die Erstreckung des Landes skizzierte. »Alles wurde gezeichnet nach dem Schiffsorte, und da muss ich »bemerken, dass mein Chronometer sehr genau gewesen »ist, so bin ich auf meiner Tour nie bange gewesen zu

---

Larsens Originalskizze gaben in Zweifelsfällen stets den Ausschlag. Sollte vielleicht die Behauptung, meine Uebersetzung sei ungenau, sich darauf beziehen, dass die stilistischen Wendungen des N. G. S. A. bei mir stellenweise abweichend sind? Ich bemerke noch, dass der von mir zu Grunde gelegte handschriftliche Reisebericht von Kapt. Larsen seiner Rhederei, der Oceana-Dampfschiffsgesellschaft in Hamburg, eingereicht wurde.

[2]) Es ist damit der Wichmann'sche Artikel aus dem Juniheft d. J. gemeint.

[3]) Nämlich von Christensen-Insel aus.

»segeln und bin immer genau in meinem Besteck gewesen.[1]) »So braucht Herr Schück nicht zu zweifeln, dass die Karte, »die von Ihnen ausgearbeitet ist, nicht genau genug sein »sollte, da sie vollständig nach dem Original entworfen »wurde, das ich auf meiner letzten Fahrt dort unten »skizzirte.

»Was die andere Frage betreffend die Erhöhungen, die ich in »nordöstlicher Richtung von Lindenbergs Zuckerhut sah, angeht, so »will ich Herrn Schück hiermit wissen lassen, dass ich diese dafür »ansah, dass sie möglicher Weise unter Wasser liegende Felsen waren, »entstanden bei einem Ausbruch des stark arbeitenden Vulkans »Lindenberg Zuckerhut, der sich in deren unmittelbarer Nähe befand. »Und dass kein Land zwischen Lindenbergs Zuckerhut und Louis »Philippe Land existirt, kann ich mit Bestimmtheit sagen. Das Eis, »welches die Strasse zwischen den neu entdeckten Inseln und L. P. L. »bedeckt, ist ganz niedrig, so ist Herr Schück im Irrthum, wenn »er annimmt, dass König Oskar II.-Land und Louis Philippe-»Land zusammenhängen. Herr Friederichsen hat eine »ganz korrekte Auffassung, und hat alles so gut aus-»gearbeitet, dass ich keinen Irrthum auszusetzen finden »kann, da alles meinen Aufzeichnungen entspricht, und »ich verstehe nicht, worauf Herr Schück seine Behauptungen »gründet, da ich an die Norske Geografiske Selskab bis »heute keine Karte eingeschickt habe, noch etwas ge-»sehen habe von dem, was von der Norske Geografiske »Selskab geschrieben ist. Die Aufgabe[2]) die ich nach Christiania »einschickte, war gleichlautend[3]) mit der, die Herr Friederichsen »von mir erhielt[4]). Es würde mir ein Vergnügen sein, nach »Deutschland zu reisen, wenn es so sein sollte, dass jemand es »wünschte. . . .

Hochachtungsvoll

(gez.) C. A. Larsen.

Ich habe dem Briefe Larsens eigentlich nichts weiter hinzuzufügen. Jeder Unbefangene wird sich sagen können, ob die Kritik in Petermanns Mittheilungen berechtigt war.

[1]) Man vergleiche den 4. Punkt der Kritik.

[2]) Abschrift, Ausfertigung.

[3]) Vgl. Anmerkung zum norwegischen Text dieses Briefes.

[4]) Damit ist doch wohl genügend bewiesen, dass uns Originalmaterial zur Verfügung stand.

Zu bedauern ist, dass durch diese unberechtigte Kritik eine Verdrehung der Ergebnisse der kühnen Reise Larsens eingetreten ist, ebenso sehr, dass die Redaktion von Petermanns Mittheilungen sich nicht hat entschliessen können, ihre im Juniheft gebrachten Ausstellungen baldmöglichst zu widerrufen, obgleich ich um Mitte Juli eine ausführliche Widerlegung einsandte und zugleich mich erbot, die Originalkarte des Kapt. Larsen der Redaktion zur Verfügung zu stellen. Man hat weder für gut befunden von meinem Anerbieten Gebrauch zu machen, noch eine Berichtigung gebracht. Wenn es auch schwer sein mag, einen Irrthum einzugestehen, so hätte es doch im Interesse der wissenschaftlichen Wahrheit geschehen müssen, schon um zu verhindern, dass so bedauerliche Irrthümer, wie leider geschehen, weitere Verbreitung finden.

Hoffentlich nimmt die Redaktion von Petermanns Mittheilungen noch nachträglich Gelegenheit, die Sache richtig zu stellen.

Ich darf wohl die Gelegenheit, die mich zwingt, auf meine Arbeit zurück zu kommen, benutzen, um drei Irrthümer, die bei der Korrektur in derselben stehen geblieben sind, zu berichtigen.

Auf Seite 58 des Sep.-Abdr. (302 der Mitth.) ist als südlichster Punkt der Hertha 69° SB und 79° WL irrthümlich statt 69° 10′ SB und 76° 12′ WL, wie auf Seite 26 (270) richtig zu lesen, angegeben.

Am 20. November war die Hertha auf 76° 12′ WL, nicht 70° 12′ (Seite 39 des Sep.-Abdr., 283 der Mitth.).

Am 21. November war die Hertha auf 75° 56′ (statt 75° 76′).

Hamburg, im November 1895.

Petermanns Mittheilungen haben meinem oben ausgesprochenen Wunsche nach Aufnahme einer Erwiderung jetzt entsprochen (Dezemberheft 1895).

An meine Entgegnung knüpft H. Wichmann aber Bemerkungen, die es nothwendig erscheinen lassen, vorstehenden Bemerkungen einige weitere folgen zu lassen.

H. Wichmann behauptet, dass zwischen beiden Veröffentlichungen (der Abhandlung in diesen Mittheilungen und dem Abdruck im N. G. S. A.) ein so langer Zeitraum lag, dass es mir möglich gewesen wäre, Widersprüche zwischen beiden Quellen und zweifelhafte Punkte aufzuklären. Diese Bemerkung, anscheinend richtig, ist thatsächlich unrichtig, und H. Wichmann hätte bei einiger Aufmerksamkeit, die bei einem Kritiker unbedingt verlangt werden muss, die unrichtige

Behauptung vermeiden können. Wie in meiner Abhandlung angegeben, war sie im November 1895 vollendet. Während des Druckes (wie ausdrücklich angegeben) erschien der Abdruck im N. G. S. A., die Redaktion dieser Mittheilungen hat eine diesbezügliche Anmerkung während der Korrektur eingeschoben. Der Druck war soweit vorgeschritten, dass sich eine Angabe der zahlreichen Abweichungen nicht mehr bewerkstelligen liess. H. Wichmann sollte eigentlich selbst einsehen, dass sich fertige Abdrücke nicht bis zum letzten Augenblick des Erscheinens (H. Wichmann scheint zu glauben, dass mir die Zeit bis Anfang März zu Abänderungen zur Verfügung stand) beliebig abändern lassen. Massgebend als Zeitpunkt für den Abschluss meiner Abhandlung ist der November 1895, der auch angegeben, nicht der von allerhand Zufälligkeiten, die ausser dem Bereich der Wirksamkeit eines Autors liegen, abhängige Zeitpunkt der Versendung. Zu textlichen Aenderungen gab mir das Erscheinen des Aarbog-Abdrucks keine Veranlassung, da ich Originalmaterial zur Verfügung hatte. H. Wichmann glaubt »gegen eine solche kritische Bearbeitung Verwahrung« einlegen zu müssen. Ich behaupte nirgends, den Abdruck des N.G.S.A. kritisch verwerthet zu haben, was allerdings geschehen wäre, wenn derselbe mir rechtzeitig vorgelegen hätte, wie die englische Ausgabe, auf welche mehrfach Bezug genommen wurde. H. Wichmann konnte und musste sich sagen, dass äussere Gründe ein näheres Eingehen auf das Aarbog verboten — ich vermag nicht einzusehen, weshalb sonst eine Rücksichtnahme auf den norwegischen Artikel unterblieben sein sollte.

H. Wichmann hat aber das Glück gehabt in seinem Vorrath von entdeckten »Irrthümern« einen sehr wesentlichen Punkt, in dem ein Versehen meinerseits — kein Uebersetzungsfehler! — vorliegt, aufzufinden. Es betrifft dies die Stelle, wo im N. G. S. A. steht: »i VtN fra Christensens vulkan ligger fem öer«, im Manuskript: »i NV fra Christensens ....«. Letztere Angabe habe ich im deutschen Text beibehalten, da die Karte Larsens dieser Angabe nicht widerspricht und ein Verschreiben Larsens nicht wahrscheinlich war. An einer anderen Stelle aber hat im Manuskript Larsens ein Schreibfehler sich eingeschlichen, ich hätte in einer Anmerkung sagen müssen, dass die »fünfte Insel« etwas weiter nach N liegt, als die übrigen (wo Larsen NW hat). Uebrigens glaube ich, dass ich einem aufmerksamen Leser nicht »zu verraten brauchte, welche Richtung ich damit bezeichnen wollte«, ein Blick auf die Karte genügte, um die Sachlage klarzustellen. —

Diesen einen Punkt hat H. Wichmann angeführt als Beweis, dass »ebenso eigenartig wie die Schreibweise Kapt. Larsens auch die Interpretation von Dr. Petersen ist.« Parturiunt montes . . . . Wahrlich eine eigenartige Kritik, die nach kleinen Versehen sucht und Arbeiten mit groben Fehlern als zuverlässig empfiehlt!

Eine Stelle ist vor allen anderen wichtig. Schon H. Wichmann bezeichnet sie so in seinem Artikel des Juniheftes, in meiner Erwiderung im Dezemberheft von Pet. Mitth. habe ich auch nur auf diese eine Stelle mich eingehender bezogen. Man sollte erwarten, dass Herr Wichmann sich nun unzweideutig über seine Auffassung ausgesprochen hätte und nach den Aeusserungen Larsens sich zu unserer Ansicht bekehrt hätte. Es ist die Stelle, wo es sich um den Zusammenhang zwischen Louis Philippe-Land und König Oskar II.-Land handelt. Herr Wichmann ist jetzt mit der Richtigkeit meiner Uebersetzung einverstanden, wenn er auch die andere, Schück'sche Uebersetzung, die das genaue Gegentheil besagt, ebenfalls als zulässig ansehen will. Diese Stellungnahme ist mir nicht verständlich. In dem Aufsatz vom Juni hat H. Wichmann selbst zugegeben, dass die »Angabe, »»soweit ich bei klarem Wetter sehen konnte, liegt weder nach N noch NW hin Land««, entscheidend sein musste für die vollständige Trennung des Louis Philippe-Landes vom König Oskar II.-Land, wodurch der grösste Theil vom Palmer-Land wegfallen musste und eine breite Wasserverbindung zwischen dem Orleans-Kanal im W von Louis Philippe-Land und dem Meere im Osten von König Oskar II.-Land hergestellt wurde«. Also so lange man glaubte, dass meine Uebersetzung falsch sei, war diese Angabe entscheidend. Jetzt hat Kapt. Larsen sich dahin ausgesprochen, dass meine Uebersetzung richtig sei, flugs wird gesagt, dass die Angabe, die vor einigen Monaten entscheidend sein musste, »nicht genügt, um mich (H. Wichmann) zu überzeugen, dass zwischen Louis Philippe-Land, König Oskar II.-Land und Palmer-Land trennende Meeresräume sich befinden müssen.« Dies behauptet weder Larsen, noch Friederichsen, noch ich. Larsen sagt, Louis Philippe-Land und König Oskar II.-Land sind durch ein Meer getrennt. Larsen ist der einzige, der bis jetzt an Ort und Stelle gewesen ist, Larsen sagt unzweideutig, dass die beiden genannten Länder nicht zusammenhängen, dann muss diese Angabe so lange für richtig gelten, bis Jemand an Ort und Stelle einen Irrthum Larsens nachweist. — Es ist nun allerdings möglich, dass zwischen Palmer-Land und König Oskar II.-Land einerseits, und Palmer-Land und Louis Philippe-Land andrerseits Landverbindung besteht. Schon die Art der Zeichnung auf Friederichsens Karte mit den entweder punktirten oder garnicht angedeuteten Grenzen zwischen Land und Wasser deutet an, dass auch Friederichsen mit der Auflösung des Gebiets in einen Archipel nur eine Hypothese giebt. Auch die Begleitworte Friederichsens geben nirgends einen Anhaltspunkt für die Behauptung, es sei Friederichsens Ansicht, dass sich dort trennende Meeresräume befinden müssen, sondern Friederichsen macht nur, unter steter Begründung, Vermuthungen und Annahmen geltend. Ich wiederhole hier, um zu zeigen, wie vorsichtig L. Friederichsen sich ausdrückt, die betreffende Stelle der Begleitworte: »Als weitere empfehlenswerthe Neuerung glauben wir die einstweilige Beschränkung des Namens »Palmer-Land« auf die unter 62° w. L. und 64—64½° s. Br. gezeichnete Halbinsel bezeichnen zu sollen .... Ein Blick auf unsere Karte wird unsere Vermuthung gerechtfertigt erscheinen lassen, dass die durch Kapitän C. A. Larsen entdeckte Vulkanreihe (Robben-Inseln etc.) gegen Nordwesten ihre Fortsetzung findet in der Inselreihe der Hummock-, Small-, Intercurrence-, Hoseason-, Low- und Smith-Inseln. Auch finden unsere Bedenken hinsichtlich der Ausdehnung des Palmer-Landes gegen Osten und eines Zusammenhanges desselben mit südlicheren Festlandsmassen (Graham-Land) reichlich Nahrung in der bereits vom Robbenjäger Smiley 1842 brieflich an Lieutenant Maury gemeldeten Thatsache, dass er Palmer-Land mehrere Male umschifft habe und sogar noch weiter gen Süden gekommen sei. Unsere Ansicht geht dahin, dass Smiley von Hughes Golf aus in die Bismarck-Strasse gelangte und so die Umschiffung des Palmer-Landes bewerkstelligt hat«.

Kann man sich vorsichtiger ausdrücken?!

Wenn H. Wichmann weiterhin behauptet, dass »die Aufnahme von Kapt. Larsen keine Veranlassung giebt, die auf den Angaben der bisherigen Forscher beruhende Darstellung des Zusammenhanges von Palmer-Land, Trinity-Land und Louis Philippe-Land einfach zu beseitigen«, so dürfte es ihm schwer fallen, den Beweis zu bringen, dass die bisherige Darstellung des Zusammenhanges der fraglichen Gebiete mehr war, als eine Annahme. Ich glaube, dass man gegen eine solche Art der Kritik entschiedene Verwahrung einlegen muss. Nach dem, was Herr Wichmann in seinem ersten Artikel im Juniheft gesagt hatte, musste er jetzt sich unbedingt der Friederichsen'schen Darstellung anschliessen.

Gewiss haben weder L. Friederichsen noch ich irgend welche Einwendungen gegen eine sachliche Kritik zu erheben, wohl aber müssen wir protestiren gegen eine Art und Weise der Beurtheilung, wie H. Wichmann beliebt hat, gegen uns zu richten. Zuerst sprach er in allgemeinen Verdächtigungen, ein wichtiger Punkt wurde hervorgehoben. In diesem konnten wir nachweisen, dass

H. Wichmann sich irrte, nun wurden neue, falsche Behauptungen aufgestellt, Kleinigkeiten hervorgesucht um die Verdächtigungen zu rechtfertigen, und in der Beurtheilung des Hauptpunktes eine der früheren ganz entgegengesetzte Stellung eingenommen! Dabei mit keinem Worte versucht, sich zu vertheidigen gegen den von mir erhobenen Vorwurf, eine ohne Mühe als falsch erkennbare Karte als zuverlässig empfohlen zu haben, und die früher ausgesprochene Warnung vor unserer Arbeit, als angeblich nicht »Original« abzuschwächen.

Es ist ja möglich, dass Irrthümer bei der Skizzirung Larsens stattgefunden haben. An anderer Stelle habe ich schon hervorgehoben, dass niemand den Anspruch an Larsens Karte erheben wird, eine gegen alle Kritik gefeite Darstellung der von ihm betretenen und unter erschwerenden Umständen erforschten Gebiete geben zu sollen. Nur muss ich mich dagegen verwahren, dass diese Aufnahmen des ersten und bis jetzt einzigen Seefahrers, der die in Rede stehenden Gegenden besucht hat, vom Schreibtisch aus in so wenig begründeter und einer die Grenzen sachlicher Kritik oft überschreitenden Weise angegriffen werden. Mir scheint, dass H. Wichmann seine im Juniheft von Petermanns Mittheilungen ausgesprochene Absicht, an dem Verdienste des Kapitain Larsen nicht rütteln zu wollen, im Dezemberheft aufgegeben hat.

So nämlich können wir nur die Bemerkung auffassen, dass »Kapt. Larsen unabsichtlich einräumt, dass die von ihm gegebenen Positionen für die Robben-Inseln falsch sind«. Ich gebe zu, dass Larsens Brief hinsichtlich der Angabe des Wetters, das zur Zeit der Aufnahme der Robben-Inseln herrschte, dem Reisebericht und Schiffsjournal nicht genau entspricht. Im Reisebericht wird für diesen Tag angegeben: »Wind flau, wechselnd von NO, S, SW, mit Schnee und klarem Wetter dazwischen«. Später ist noch einmal von klarem Wetter die Rede. Im Schiffsjournal wird für einen Theil des Tages diesige, dann halbklare Luft angegeben. Der Widerspruch ist also nur ein scheinbarer, da das Wetter an dem Tage wechselnd war. Jeder muss die Angaben des Reiseberichts und Schiffsjournals, die an Ort und Stelle niedergeschrieben wurden, der Angabe des Briefes vom 22. Oktober 1895, ca. 2 Jahre nach dem fraglichen Tage, vorziehen. Keinenfalls darf die letzte Angabe Larsens nun ohne weiteres genügen, die Inseln um 15 Seemeilen zu verschieben, wenn Larsen sie vor 2 Jahren an dem Orte eingezeichnet hat, wo sie sich auf Friederichsens Karte befinden. Man kann dem Kapt. Larsen kaum zutrauen, dass er damals an Ort und Stelle eine falsche Eintragung gemacht hat, und jetzt nach zwei Jahren sich erinnern soll, nur 30 Seemeilen weit haben sehen zu können. Ich glaube Herrn Larsen nicht zu nahe zu treten, wenn ich annehme, dass er damals gewissenhaft gezeichnet hat, jetzt vielleicht sich geirrt hat. Man kann sich nicht dem Eindruck entziehen, dass es dem Herrn Referenten weniger um eine möglichst objektive Darstellung der Entdeckungen Larsens zu thun ist, als um eine Herabsetzung unserer Arbeit um jeden Preis.

H. Wichmann sagt ferner: »Noch weiter nach W meldet die Karte lakonisch »»kein Land (Larsen)««; dieser Punkt ist sogar 75 Seemeilen von Kapt. Larsens Peilungsorte entfernt«. Er scheint recht genau die Entfernung des Anfangsbuchstaben dieser Eintragung von Christensens Vulkan abgemessen zu haben. Ein ausgezeichnetes Verfahren! Die Inschrift bedeckt einen Raum von rund 40 Seemeilen, natürlich muss ein gewissenhafter Kritiker von »einem Punkte« sprechen, der 75 Seemeilen entfernt liegt. Jawohl, Herr Wichmann, es wäre vielleicht zutreffender gewesen, die Worte »kein Land (Larsen)« weiter gen Osten zu rücken, oder an Stelle des Namens Larsen ein Fragezeichen zu machen!

Zu der Stelle, an welcher H. Wichmann angeblich nachweist, dass die Karte beeinflusst wurde durch Unsicherheit über das von Kapt. Larsen angewendete Meilenmaass bemerke ich, dass das Manuskript die Angabe enthält: Skibet befinder sig omtrendt 3 engl Mil øst af det nærmeste land Cap Framnaes. Wenn dagegen das N. G. S. A. angiebt: Skibet var 3 mil . . . so spricht diese Verschiedenheit für eine vermuthlich versehentliche Auslassung des »engl.« im N. G. S. A. »Nach der Karte ist aber das Schiff nirgends näher als 13 Seemeilen an Kap Framnaes herangekommen« sagt Wichmann. Das Schiff war doch in der Position, die für den 1. Dezember angegeben ist, nicht den ganzen Tag festgenagelt! Larsen berichtet, dass in der Gegend von Kap Framnaes die Eisbarriere 5—6 engl. Meilen breit ist — aus dem Schiffsjournal geht hervor, dass man in dieser Gegend dem Fange oblag — sollte nicht vielleicht eine Bucht in der sonst 5—6 Meilen breiten Eisbarriere ein Herankommen an das Land bis auf 3 engl. Meilen ermöglicht haben? Also würde, um die Karte mit dem Bericht in Einklang zu bringen, nicht, wie H. Wichmann will, eine Verschiebung des Landes, für welches Larsen bestimmte Positionen angiebt, um 10 Meilen nöthig sein, sondern die Annahme einer Bucht in der Eisbarriere.

Zum Schluss stellt H. Wichmann eine Behauptung auf, welche beweist, dass er meine Bemerkungen nicht aufmerksam gelesen haben kann. Ich sagte in einer Anmerkung zu dem Artikel im Dezemberheft von Pet. Mitth.: »Es finden sich zahlreiche Abweichungen, die mit wenigen Ausnahmen rein redaktioneller Natur sind — wohl Angleichungen der bisweilen eigenartigen Schreibweise Larsens an die Schriftsprache. An einigen Stellen waren die Abweichnngen nicht rein redaktionell . . . . .«

Hieraus entnimmt H. Wichmann, dass ich gegen die Redaktion der Jahrbücher der Norweg. Geogr. Gesellschaft den Vorwurf erhebe, die Abweichungen in dem Text von Kapt. Larsen veranlasst zu haben, und erwartet von Christiania aus eine Erklärung, ob und aus welchem Grunde derartige eigenmächtige Aenderungen in der Angabe der Richtung, des Meilenmaasses etc. so vorgenommen wurden.

Ich behaupte dem gegenüber, dass ich nie und nirgends gesagt habe, dass von Seiten der Redaktion der N. G. S. A. »eigenmächtige Aenderungen« in der Angabe der Richtung, des Meilenmaasses etc. stattgefunden haben. Unter redaktionellen Aenderungen verstehe ich, und wohl jeder Andere mit mir, Aenderungen des Ausdrucks, die den Sinn nicht beeinflussen, mögen sie nun von einer »Redaktion« oder von irgend einem, dessen Hände ein Aufsatz passirt, vorgenommen werden. Auch ein Autor redigirt seinen ersten Entwurf. Wenn ich gesagt habe, es finden sich noch Abweichungen, die nicht rein redaktionell sind, so habe ich doch damit nicht behauptet, dass die Redaktion des N. G. S. A. »eigenmächtige Aenderungen« damit vorgenommen hat, wie H. Wichmann glauben machen will. Es können diese Abweichungen auf Irrthümern des Abschreibers, des Korrektors, Undeutlichkeiten der Handschrift des Autors u. s. w. beruhen.

Ich verwahre mich also ausdrücklich dagegen, gegen die Redaktion des N. G. S. A. einen Vorwurf erhoben zu haben und stelle hiermit fest, dass H. Wichmann mir ganz unberechtigter Weise einen solchen unterschiebt.

H. Wichmann hätte sich ein grosses Verdienst erworben, wenn er, anstatt meine angeblichen Fehler vereinzelt zu nennen, die ganze Reihe der zwischen meiner Arbeit und dem N. G. S. A. bestehenden Abweichungen, soweit sie »Richtung, Meilenmaass etc.« betreffen, veröffentlicht hätte; er scheint sie ja vorräthig zu haben. Um aber die Bedeutung dieser Abweichungen klarzustellen, seien sie in Folgendem angeführt, wobei ich dem Urtheil der Leser überlasse zu entscheiden, ob es sich lohnte, dieser Abweichungen wegen den fertigen Druck umzustossen.

Nr.	Datum	Manuskript resp. Uebersetzung	N. G. S. A.
1	Nov. 17.	Barometerstand 743	fehlt
2	» »	Als wir eine Viertelmeile landeinwärts gekommen waren......	..1/4 norwegische Meile..
3	» 20.	Windrichtung WNW u. NW	WNO
4	» 21.	Fahrtrichtung 4 Uhr S u. SSW	SSO
		» 9 » NNO u. NO	NNO
5	» 24.	» 6 » nach N	NW
6	» 30.	Windrichtung NW zu N	NWN
7	Dec. 1.	Die Eisbarriere ragt 5—6 engl. Meilen ins Meer vor	......5–6 Meilen......
		Das Schiff ist ungefähr 3 engl. Meilen von Land entfernt	.... 3 Meilen ....
8	» »	Position 59° 40′ W. L.	69° 49′ W. L.
9	» 3.	(fehlt.)	Bemerkung über die Entstehung der Eisberge aus der Barriere bei Kap Framnaes
10	» 4.	Position 67° 0′ S. B.	67° 7′ S. B.
11	» 9.	Uebers.: Die Wetter-Insel liegt WSW von Kap Framnaes	.... V af S ....
		Man.: lidt Vlig af S	
12	» 10.	Stromrichtung bei Robertson-Insel N, etwas NW	..... NW, etwas N .....
13	» 11.	Richtung der Robben-Inseln NW	W zu N
14	» »	Richtung des Sundes NW	WNW
15	» »	Eisbarriere ist 5–6 Fuss hoch	6–8 Fuss hoch
16	» »	Beschreibung der 4. Robben-Insel	fehlt
17	» »	Nord-Ende von Foyn's Land 61° 48′ W. L.	60° 40′ W. L.
18	» »	NO-Ende von Foyn's Land 59° 57′	59° 56′
19		Eine Klippe bei Joinville liegt 2 Ml. vom Land	..... 2 engl. Meilen .....
		(Manuskr.: 2 engl. mil)	
20		Die Shetland-Inseln werden zwischen Greenwich- und Livingston-Insel passirt	fehlt
21		Larsen landet auf Greenwich-Insel	fehlt
22		Auf Paulet-Insel wird ein Strandsee entdeckt	fehlt
23	Jan. 26.	Larsen erreicht die Länge der Danger-Inseln	fehlt
24	März 1.	Längenangabe fehlt	Länge angegeben

Hierzu ist zu bemerken:

Das Schiffsjournal bestätigt die Angaben meiner Arbeit bei 3), 4), (forsjellige Kurser), 8), 10).

Die Karte spricht zu Gunsten unserer Angaben bei 13), 14), 17); für 13) und 14) lässt sie auch die Angabe des N. G. S. A. zu.

Ganz ohne Bedeutung sind neben einigen der vorstehenden Angaben die Abweichungen 2), 5), 12), 15), 18, 19).

Zweifellos Druckfehler im Aarbog sind 3), 6).

Wahrscheinlich sind Druckfehler im Aarbog auch bei einigen anderen der Abweichungen vorgekommen.

Was die Angaben unter 1), 16), 20), 21), 22), 23) anbetrifft, so sprechen sie zu Gunsten der uns eingesandten Ausfertigung des Reiseberichts gegenüber der vom N. G. S. A. abgedruckten. (Musste Kapt. Schück diese Sätze, die dem Aarbog fehlen, die meine Uebersetzung aber enthält, auf Uebersetzungsfehler bei mir zurückführen, Herr Wichmann?)

Bei 7), wo Manuskr. eine bestimmte Meile angiebt, wo N. G. S. A. aber nur von Meilen spricht, ist die Angabe des Manuskripts als zuverlässiger anzusehen.

In 11) liegt ein Druckfehler bei mir vor, es sollte SSW heissen. Doch hat der Druckfehler auf die Karte keinen Einfluss, da Larsen für Wetter-Insel eine feste Position angiebt.

In 9) und 24) hat das Aarbog Angaben, die dem Manuskript fehlen.

Also in keinem einzigen Punkte dieser Differenzen konnten die Angaben des Aarbog die des Manuskripts umstossen. Nirgend werden die vorhandenen Abweichungen durch das Schiffsjournal oder die Karte zu Gunsten des Aarbog bestätigt. Lag bei dieser Sachlage eine Veranlassung vor, durch 24 Anmerkungen die Differenzen aufzuklären und dadurch den fertigen Druck umzustossen? Ich bemerke noch, dass Zweifel durch die Aarbog-Angaben nicht entstehen konnten, wie Herr Wichmann meint, da bis auf ganz bedeutungslose Stellen (2, 5, 12, 15, 18, 19) meine Angaben durch Schiffsjournal und Karte bestätigt werden. Wozu die sittliche Entrüstung, Herr Wichmann?

In 9) und 24) hat Aarbog Angaben, die dem Manuskript fehlen. Aber da die Bemerkung Larsens unter 9) offenbar auf einer irrthümlichen Anschauung beruht und 24) ohne Interesse ist, hatte ich keine Veranlassung, sie meiner Bearbeitung des Manuskriptes einzuverleiben.

Aber selbst wenn Karte und Schiffsjournal stellenweise zu Ungunsten meiner Angaben sprächen, würde die grosse Mehrzahl der Abweichungen bei ihrer geringen Bedeutung für die Topographie eine vollständige Umwerfung meiner fertigen Arbeit kaum gerechtfertigt haben.

Herr Dr. Hans Reusch, Direktor der Norwegischen Geologischen Landesanstalt und Mitglied des Vorstandes der Norwegischen Geographischen Gesellschaft, an den ich mich um Auskunft gewendet hatte, schreibt mir:

»Der Sekretär der Geogr. Gesellschaft ist auf Reisen, Dänemark, »Deutschland. Ich habe ihm geschrieben, dass er Ihnen einen Besuch »abstatte, ich weiss nicht, ob mein Schreiben ihn getroffen hat.

»Unser Vorsitzende, Herr Obrist Haffner sagt, dass Kapt. »Larsens Artikel gedruckt wurde, wie wir ihn erhalten hatten, »sofern er weiss. Die Karte ist einfach ein Abklatsch der Karte, »die Larsens Artikel in »The Geogr. Journal (London)« begleitete. »Wir erhielten sein Manuskript ohne Karte.«

Weiteres vermag ich jetzt zur Aufklärung der Differenzen zwischen Manuskript und N. G. S. A. nicht mitzutheilen.

Kapt. Larsen selbst sagt, dass die beiden Berichte gleichlautend gewesen sind. Ich glaube nun die Vermuthung hegen zu dürfen, dass — wenn nicht der Sekretär der N. G. Selskab zugeben sollte, dass er stilistische Aenderungen vorgenommen hat — Kapt. Larsen eine freie, nicht buchstäbliche Abschrift seines eigenen Reiseberichts nach Christiania eingesandt hat. Dabei kann der Ausspruch Larsens »gleichlautend« wohl bestehen bleiben, er darf nur nicht im Sinne »buchstäblich gleichlautend« genommen werden. Was die nicht stilistischen Abweichungen angeht, so lässt eine Durchsicht derselben es möglich erscheinen, dass Schreibfehler vorliegen, die bei einem Manne, der das Steuerruder, nicht die Feder zu führen gewohnt ist, wohl entschuldbar sind. — Uebrigens bleibt Larsens Verdienst ungeschmälert. Er hat seine Aufnahmen an Ort und Stelle skizzirt, so wie Friederichsen sie veröffentlicht hat; gegenüber der Zeichnung, deren Genauigkeit und Uebereinstimmung mit dem Original Larsen ausdrücklich hervorhebt, sind die Notizen von untergeordneter Bedeutung, wenigstens in ihren Ortsangaben — die übrigens beiläufig wiederholt, im Manuskript der Karte nirgend widersprechen. Was die sonstigen Schilderungen angeht, so bestehen ja keine Verschiedenheiten von irgend welcher Bedeutung in beiden Reiseberichten.

Hamburg, Januar 1896.

Nachtrag.

Herr Dr. Björbygge, Sekretär der Norske Geogr. Selskab, schreibt mir unter'm 21. Jan. a. c. aus München:

»Das Tagebuch Kapitän Larsens wurde im Herbst 1894 an »die geographische Gesellschaft geschickt, der Absender hatte aber »vergessen seine Adresse anzugeben und da wir nicht wussten, wo »Herr Larsen sich in dieser Zeit aufhielt, mussten wir das Tage- »buch ohne Konferenz mit dem Verfasser drucken. Das Tagebuch »war deutlich geschrieben, die Schrift war diejenige einer Damenhand. »Es zeigte sich aber bei der Korrektur, dass die Sprache an ver- »schiedenen Stellen von dem gewöhnlichen Sprachgebrauch abweichend »war, und an solchen Stellen wurden freilich kleine Redaktions- »änderungen vorgenommen, doch immer so, dass die Meinung oder »die vermuthete Meinung des Verfassers bewahrt wurde. In den »Angaben der Richtungen oder der Längen wurden keine Aenderungen »vorgenommen und die Korrektur sehe ich für vollaus befriedigend an«.

Diese Mittheilungen bestätigen meine Vermuthung, dass redaktionelle Aenderungen vorgenommen wurden und sprechen auch für meine Vermuthung, dass Versehen des Abschreibers (resp. der Abschreiberin) bei Herstellung der Abschrift für N. G. S. A. vorgekommen sind.

24. Januar 1896. **J. Petersen.**

FSC
www.fsc.org
MIX
Papier | Fördert
gute Waldnutzung
FSC® C083411

Zeitfracht Medien GmbH
Ferdinand-Jühlke-Straße 7
99095 Erfurt, Deutschland
produktsicherheit@kolibri360.de